¡Mira allí!
¡Serpientes!
1
I0816004

LAS SERPIENTES

KATE RIGGS

CREATIVE EDUCATION | CREATIVE PAPERBACKS

SEAMOSSSS AMIGOSSSS.

índice

Publicado por Creative Education y Creative Paperbacks
P.O. Box 227, Mankato, Minnesota 56002
Creative Education y Creative Paperbacks
son marcas editoriales de Creative Company
www.thecreativecompany.us

Diseño de Graham Morgan
Dirección de arte de Blue Design (www.bluedes.com)
Traducción de TRAVOD, www.travod.com

Fotografías de Dreamstime (Sarel Van Staden), flickr (Biodiversity Heritage Library), Free Vintage Illustrations (Fitzinger, Leopold Joseph), Getty (GlobalP, OldGreyMan, webphotographeer), Shutterstock (Arie v.d. Wolde, B.Stefanov, DedeDian, Eric Isselee, fivespots, Heiko Kiera, Luis Espin, mikeledray, Pictries), SuperStock

Library of Congress Cataloging-in-Publication Data

Names: Riggs, Kate, author.
Title: Las serpientes / by Kate Riggs.
Other titles: Snakes (Marvels). Spanish
Description: Mankato, Minnesota : Creative Education and Creative Paperbacks, [2025] | Series: Maravillas | Includes index. | Audience: Ages 4-7 | Audience: Grades K-1 | Summary: "An engaging introduction to snakes, this beginning reader features eye-catching photographs, humorous captions, and easy-to-read facts about this reptile found around the world"-- Provided by publisher.
Identifiers: LCCN 2023049121 (print) | LCCN 2023049122 (ebook) | ISBN 9798889891031 (library binding) | ISBN 9781682775264 (paperback) | ISBN 9798889891338 (ebook)
Subjects: LCSH: Snakes--Juvenile literature.
Classification: LCC QL666.O6 R45318 2025 (print) | LCC QL666.O6 (ebook) | DDC 597.96--dc23/eng/20231208

Impreso en China

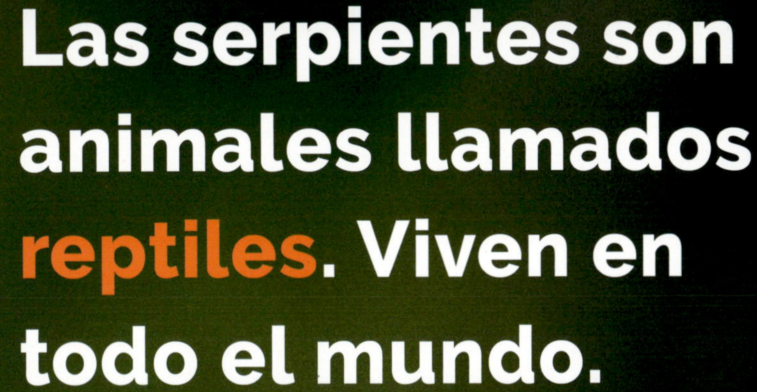

Las serpientes son animales llamados **reptiles**. Viven en todo el mundo.

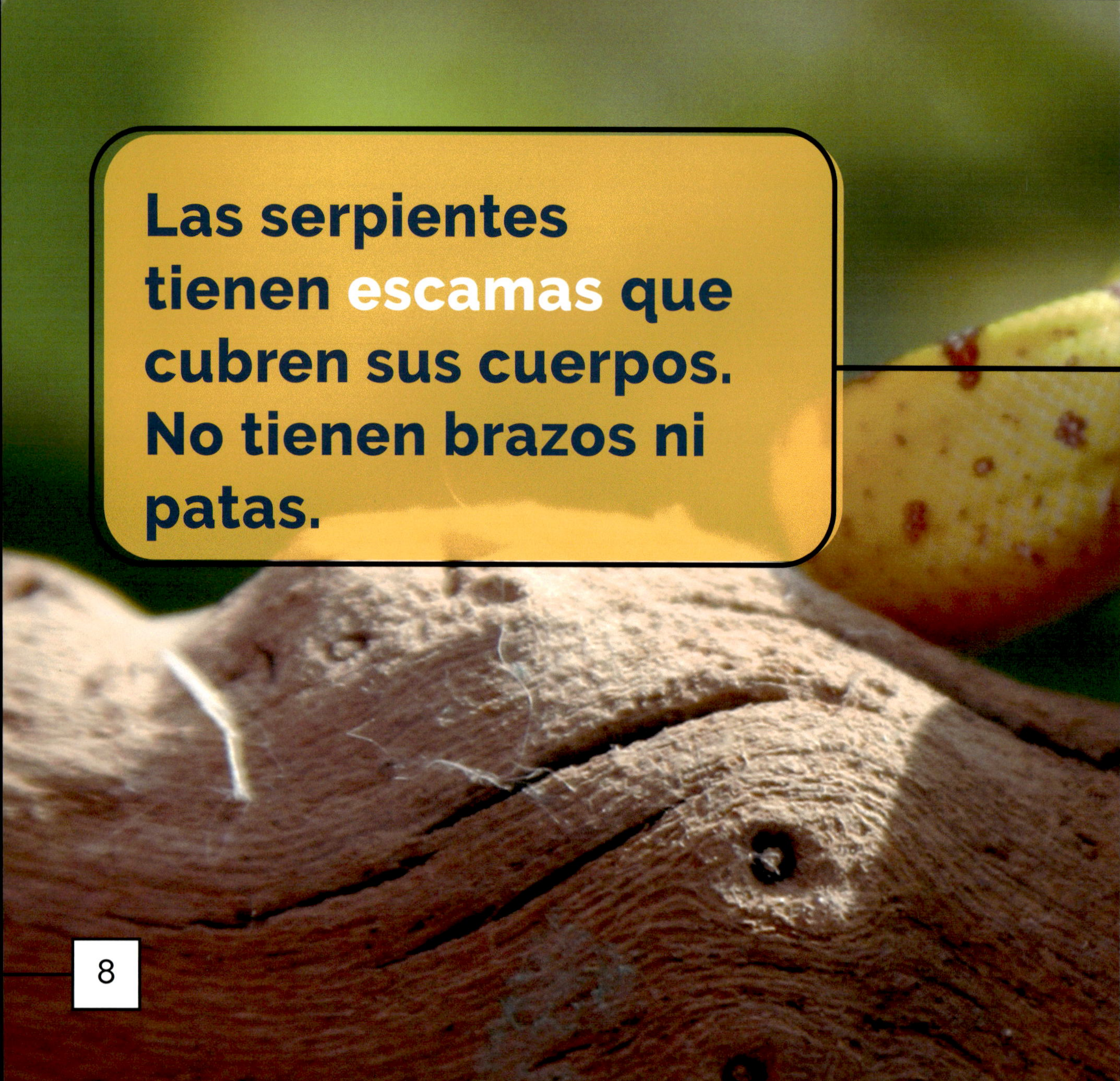

Las serpientes tienen escamas que cubren sus cuerpos. No tienen brazos ni patas.

¿QUÉ ES UNA PATA?

Las serpientes pueden ser grandes o pequeñas. Todas las serpientes tienen lenguas **bífidas**.

LA SERPIENTE USA LA LENGUA PARA OLER.

Las serpientes comen carne. Algunas serpientes comen ratones y ranas. ¡Otras serpientes comen venados!

¡QUÉ RICO!
EL PEOR DÍA.

UNA SERPIENTE INCUBA.

Una cría de serpiente sale de un huevo. O nace viva. Las crías de serpiente crecen por su cuenta.

A las serpientes les gusta echarse al sol. Luego buscan comida.

¿HAY ARAÑAS ALLÍ? ODIO LAS ARAÑAS.

¡Adiós, serpientes!

[Imagina una serpiente]

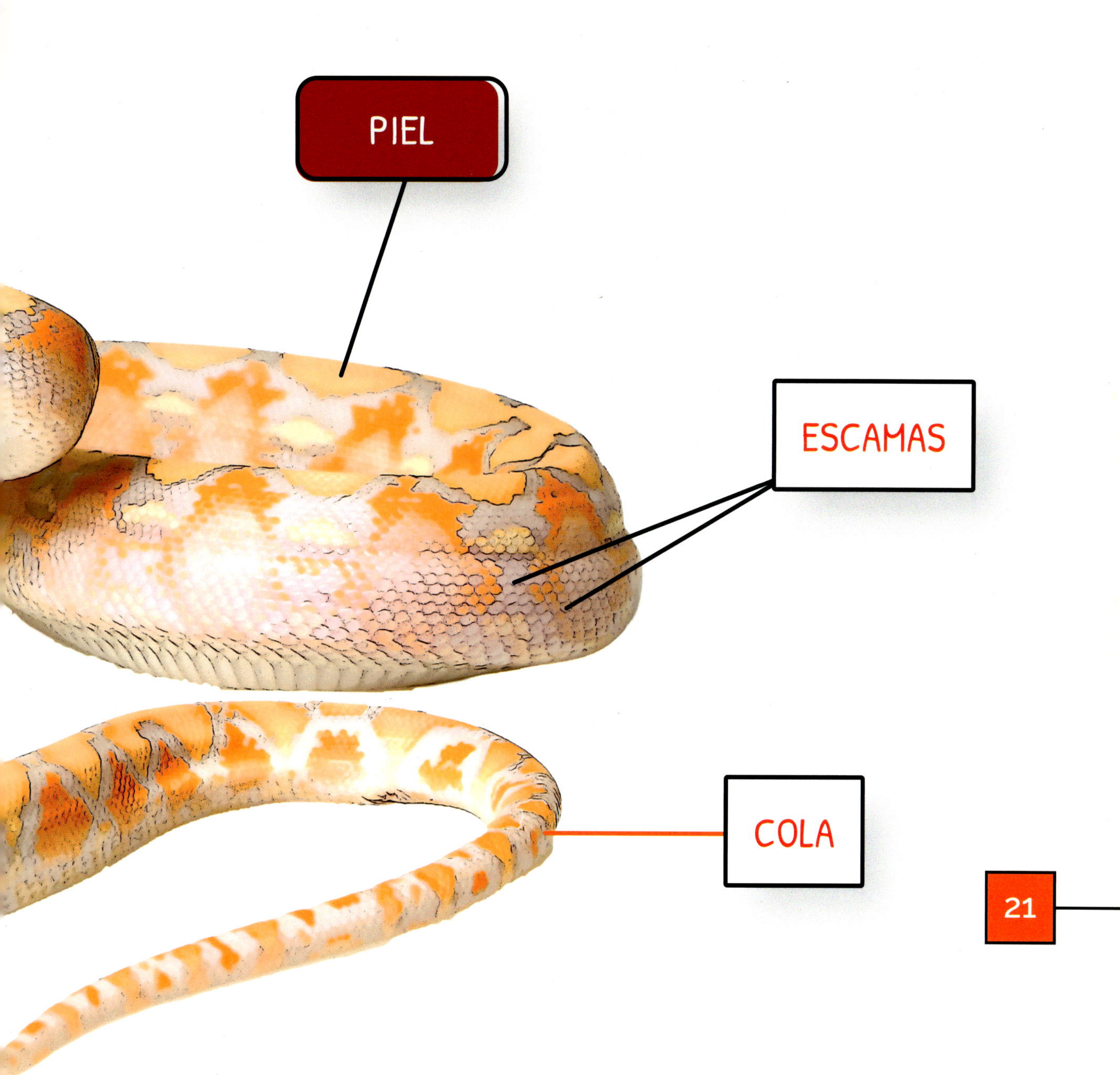
PIEL
ESCAMAS
COLA

PALABRAS QUE DEBES CONOCER

bífida: dividida en dos partes

escama: una placa pequeña y huesuda que cubre la piel de un animal

reptil: un animal que tiene escamas y que necesita el calor del sol para mantenerse tibio

ÍNDICE ALFABÉTICO